BEI GRIN MACHT SICH IHR WISSEN BEZAHLT

- Wir veröffentlichen Ihre Hausarbeit,
  Bachelor- und Masterarbeit

- Ihr eigenes eBook und Buch -
  weltweit in allen wichtigen Shops

- Verdienen Sie an jedem Verkauf

Jetzt bei www.GRIN.com hochladen
und kostenlos publizieren

Erik Schrenner

Die Entwicklung des deutschen Steinkohlenbergbaus

GRIN Verlag

Bibliografische Information der Deutschen Nationalbibliothek:

Die Deutsche Bibliothek verzeichnet diese Publikation in der Deutschen National-
bibliografie; detaillierte bibliografische Daten sind im Internet über http://dnb.d-
nb.de/ abrufbar.

Impressum:

Copyright © 2009 GRIN Verlag, Open Publishing GmbH
Druck und Bindung: Books on Demand GmbH, Norderstedt Germany
ISBN: 978-3-656-23735-8

Dieses Buch bei GRIN:

http://www.grin.com/de/e-book/197337/die-entwicklung-des-deutschen-steinkoh-
lenbergbaus

GRIN - Your knowledge has value

Der GRIN Verlag publiziert seit 1998 wissenschaftliche Arbeiten von Studenten, Hochschullehrern und anderen Akademikern als eBook und gedrucktes Buch. Die Verlagswebsite www.grin.com ist die ideale Plattform zur Veröffentlichung von Hausarbeiten, Abschlussarbeiten, wissenschaftlichen Aufsätzen, Dissertationen und Fachbüchern.

Besuchen Sie uns im Internet:

http://www.grin.com/

http://www.facebook.com/grincom

http://www.twitter.com/grin_com

Die Entwicklung des deutschen Steinkohlen-
bergbaus

Inhaltsverzeichnis

1 Einleitung

Eine der bedeutendsten Energiequellen für den Menschen stellt die Steinkohle dar, welche seit einigen Jahrhunderten intensiv genutzt wird. Gerade in den letzten Jahren war die Steinkohle, im globalen Maßstab betrachtet, die am deutlichsten wachsende Energiequelle. Auch im Vergleich mit anderen konventionellen Energieträgern, verfügt sie über große Reserven und nimmt so für die Gewinnung von Energie eine wichtige Rolle ein. In den letzten Jahren ist ein starker Rückgang der Kohleförderung in Deutschland zu verzeichnen, was in den meisten anderen westeuropäischen Ländern ebenso der Fall ist, da man die heimische Kohleförderung einstellt oder herabsetzt, um für geringere Kosten Kohle aus anderen Ländern zu importieren. Die weitere Entwicklung wird dadurch gekennzeichnet sein, inwiefern es der Industrie gelingt gerade bei der Kohleverstromung den CO_2- Ausstoß durch den Einsatz von Clean- Coal- Technologien so gering wie möglich zu halten.

In der vorliegenden Hausarbeit soll die Entwicklung der Steinkohle in Deutschland aufgezeigt und diskutiert werden, um einen hinreichenden Eindruck gewinnen zu können, was für die zukünftige Entwicklung der heimischen Steinkohleförderung getan werden muss und inwiefern man sich auch gegen die ökologischen Folgen und Risiken für den Menschen absichern kann, um ein Bestehen der regionalen Umwelt und deren Ökosystem zu gewährleisten (Helfer 2008:32/Wiggering 1993:5).

2 Die Entstehung der Steinkohle

Kohle gehört neben dem Erdöl und dem Erdgas zu den fossilen Brennstoffen, welche von organischen Substanzen abstammen. Diese organischen Stoffe stammen von Pflanzen und Tieren, die in den vergangenen Erdzeitaltern lebten. Die Kohle setzt sich aus den Hauptbestandteilen Kohlenstoff, Wasserstoff, Sauerstoff und ein wenig Schwefel zusammen und stammt aus dem Karbon (lateinisch „carbo" = Kohle) und wurde vor 280- 350 Mio. Jahren gebildet.

Dabei kam es zu einer Ansammlung von Pflanzenresten, welche abgesenkt, und unter mächtige Schichten von anorganischem Material gedrückt und zusammengepresst wurden. Je nach zeitlicher Lagerung, Tiefe der eingeschlossenen organischen Materialien und somit ausgesetztem Druck und Erdwärme, wird die Kohle in Braunkohle, Steinkohle und Anthrazit untergliedert (GVSt 2005:40/Strahler 2002:268).

3 Die Entwicklung des Steinkohlenbergbaus in Deutschland

Ein kaiserliches Dekret aus dem Jahre 1129, welches den Bürgern im Raum Duisburg das Recht zugesteht Steinkohle abzubauen, liefert den ersten verzeichneten Hinweis auf Steinkohlenförderung.

Die Entwicklung des Abbaus von Steinkohle verläuft von dem Zeitpunkt an sprunghaft. Da der Holzbedarf für die Verhüttung von Steinkohle im 19. Jahrhundert nicht mehr gedeckt werden kann, kommt es zum Einsatz von Steinkohlekoks. Dadurch ist Steinkohlenbergbau direkt mit der industriellen Entwicklung in Deutschland verbunden, da er die Holzkohle komplett ablöste.

Mit der schnell ansteigenden Förderung von Steinkohle und deren Einsatz zur Verhüttung von Eisenerz, sowie der zunehmenden Trennung von Förderung und Weiterverarbeitung, bestand rasch die Nachfrage nach einer guten Infrastruktur. Dies kam dem Ausbau des Schienennetzes und dem Anlegen von Schifffahrtskanälen und kleinen Häfen zugute.

Durch die Wettbewerbsunfähigkeit der heimischen Steinkohle gegenüber dem Erdöl, dem Erdgas und der günstigeren, importierten Steinkohle, nahm die Förderung in deutschen Revieren in der zweiten Hälfte des 20. Jahrhunderts rapide ab. Demzufolge kam es zur Stilllegung der meisten Zechen und Kokereien und zur Entstehung der heutigen Brachen(Huske 2001:59-64/Kaever 2004:39-49/Pierenkemper 2002:61-65/Wiggering 1993:186-187)

Steinkohleförderung von 1900 - 2005

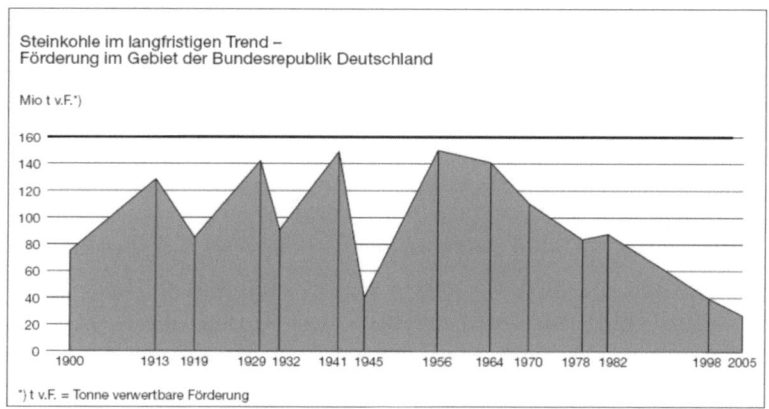

(Quelle: GVSt 2005:36)

4 Aktuelle Situation in Deutschland

Wenn man sich die aktuelle Situation des Steinkohlebergbaus näher betrachtet, zeigt sich deutlich, dass es zu einem kontinuierlichen Rückgang der heimischen Förderung und zur langsamen Schließung von unwirtschaftlichen Standorten kommt. Dies wurde durch die ständige Verringerung der Subventionen (siehe Abbildung) seit 1996 hervorgerufen, welche wiederum als Ziel haben, die deutsche Steinkohleförderung, nach einer Prüfung im Jahr 2012, bis 2018 komplett einzustellen.

Öffentliche Hilfen für die deutsche Steinkohle

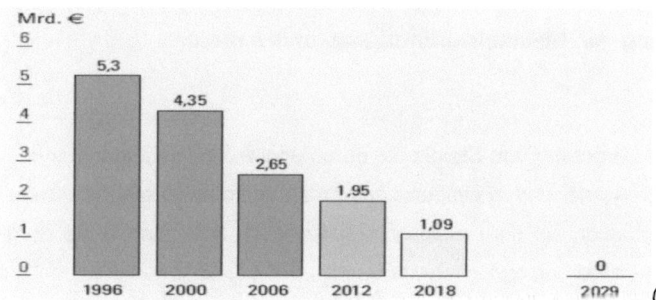

(Quelle. GVSt 2007: 14)

Bis dahin sollen die verbliebenen acht Bergwerke, wovon sechs im Ruhrgebiet und jeweils eines in Ibbenbüren und im Saarrevier angesiedelt sind, noch fördern. Die angestrebte Fördermenge beträgt 22 Mio. Tonnen im Jahr, wobei im Vergleich hierzu im Jahre 1957 153 Bergwerke 150 Mio. Tonnen im Jahr förderten. Der größte Teil der 22 Mio. Tonnen wird zu Kraftwerkskohlen verarbeitet, 4 Mio. Tonnen werden als Koks oder Kokskohlen an die Stahlindustrie geliefert und ein geringer Rest geht an den Wärmemarkt.

Dieser stetige Rückgang der Förderung ist mit dem Import von Steinkohle zu erklären, welche viel günstiger im Abbau ist. Meistens wird die Steinkohle im Tagebau gefördert, was vergleichbar mit der deutschen Steinkohle, welche Untertage abgebaut werden muss, wesentlich günstiger ist. Hinzu kommen die höheren Lohnkostenniveaus der Arbeiter im internationalen Vergleich und die politisch bedingten hohen Sozial- und Sicherheitsstandards. Zum Schluss sollten die Ausgaben für die Einhaltung der Umweltstandards und die Rekultivierung alter Abbaugebiete mit angeführt werden. Bei so einer Anzahl von Ausgaben wird deutlich, warum in Deutschland geförderte Steinkohle beim internationalen Preiskampf nicht mithalten kann.

Dabei sollte beachtet werden das Deutschland zu den Ländern mit den größten Steinkohlereserven gehört. Wissenschaftler schätzen den Gesamtvorrat, ohne Rücksicht auf die technische Gewinnbarkeit, auf circa 230 Mrd. Tonnen. Wenn man sich dem heutigen Stand der Technik bedient, könnte davon ungefähr 23 Mrd. Tonnen gewonnen werden. Bei den heutigen Verarbeitungs- und Produktionsmengen würde diese Menge für die nächsten Fünfhundert Jahre reichen (Buch 1979:24-27/GVSt 2005:36/GVSt 2007:12-15/Helfer 2008:32-34).

5 Weltweite Entwicklung von Steinkohlenförderung- und verbrauch

Während in Europa die Förderung von Steinkohle durch ungünstige Bedingungen kontinuierlich abgeschwächt wurde, und in einigen Ländern sogar komplett eingestellt wurde, gestaltet sich die Situation auf dem globalen Markt anders. Der chinesische Bergbau vervierfachte seine Förderung zwischen 1980 und 2004 von 572 Mio. Tonnen auf

2134 Mio. Tonnen. Damit erhöhte sich der Anteil Chinas an der Weltförderung von 21% auf 47,5 %. Eine weitere Zunahme konnten die USA verzeichnen welche ihre Förderung um ein Drittel auf 952 Mio. Tonnen vergrößerten. Hinzu kommen noch die Exportländer Indien, Südafrika, Australien, Kolumbien und Indonesien welche ebenso einen deutlichen Anstieg verzeichnen konnten.

Weltsteinkohlenförderung und –Verbrauch

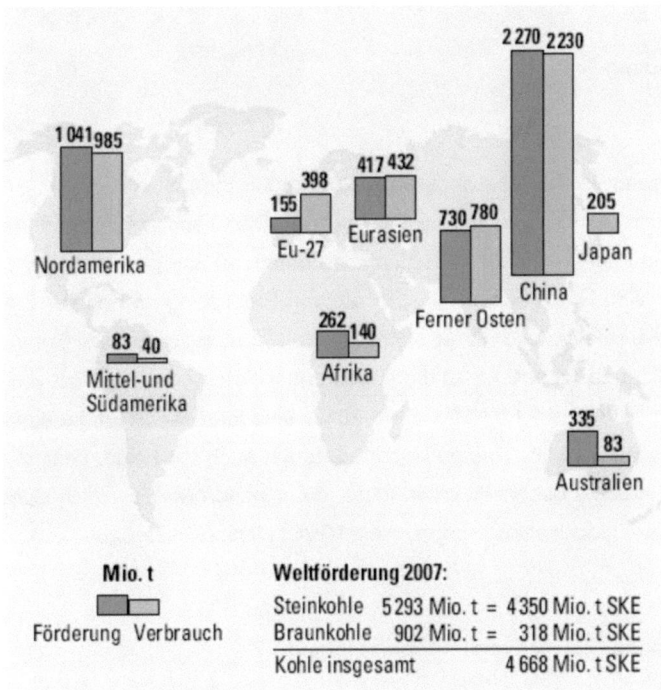

(Quelle:GVSt 2007:76)

Betrachtet man den globalen Kohleverbrauch wird deutlich, dass dieser zwischen 1980 und 2004 um die Hälfte angestiegen ist, jedoch seinen Anteil von 25% an der Primärenergieversorgung gleich blieb. Schaut man auf die regionale Aufteilung des Verbrauchs, erkennt man das Asien seit 1980 von einem Drittel des Weltverbrauchs an Steinkohle auf 56,7% angewachsen ist. Nordamerika blieb mit seinen 22% konstant, wohingegen Europa von 20,5% auf 8,7% und Russland von 19% auf 6,3% absanken.

Verändert hat sich außerdem die Nutzung der Kohle. Ein deutlicher Anstieg ist in der Stromerzeugung zu verzeichnen, welche sich von 36% auf 73% verdoppelte. Heute werden etwa 40% des weltweiten Stroms durch Kohle erzeugt. Differenziert hierzu entwickelt sich der Anteil der Steinkohle im Wärmemarkt, welcher von 43% auf 15% zurückging. Ein weiteres Beispiel wäre die Stahlindustrie welche einen Rückgang von 21% auf 12% zu verzeichnen hat (Helfer 2008:34-36).

6 Entwicklungsprognosen

Für Deutschland, genauso wie für alle anderen mitteleuropäischen Staaten, wird ein Rückgang des Verbrauchs an Steinkohle von 1% erwartet. Dies kann auf die geringe Zunahme des Energiebedarfs, welche auch durch erneuerbare Energien abgedeckt wird, zurückgeführt werden. Hinzu kommt der Einsatz von Erdgas, der in näherer Zukunft eine wichtige Rolle spielen wird, da er schon jetzt als sauberster fossiler Brennstoff gehandelt wird. Nicht zu vergessen ist die fortlaufende Verringerung der Subventionen von 4,6 Mrd. Euro 1997 auf 1,83 Mrd. Euro 2012. Dies führt wiederum zu einer Senkung der Förderung auf 12 Mio. Tonnen jährlich. Das hat auch zur Folge, dass die Belegschaft auf 20000 Arbeiter gesenkt werden muss, da 4 weitere wirtschaftlich nicht mehr tragbare Bergwerke geschlossen werden sollen (GVSt 2005:29/Helfer 2008:38).

7 Steinkohle, ein wirtschaftlich- unverzichtbarer Rohstoff ?

Die Verfügbarkeit von Energie ist für einen modernen Industriestaat von unabdinglicher Lebensnotwendigkeit. Dadurch ist eine Förderung bzw. Gewinnung von Energieträgern unverzichtbar. Wichtig ist das diese Förderung mit Rücksichtnahme auf die Umwelt geschieht. Daher müssen alle Folgen und Auswirkungen des Steinkohlenbergbaus zusammen den wirtschaftlichen und ökonomischen Wert des Rohstoffs und seiner Lagerstätten gegenübergestellt werden, um ein für alle Instanzen annehmbares Ergebnis zu erzielen. Weiterhin sollten andere Nutzungsmöglichkeiten des Rohstoffs der vorrangi-

7

gen Nutzung zur Energiegewinnung gegenübergestellt werden. Fortlaufend sollte man weiter an Methoden forschen, die es ermöglichen Energie oder Wärme durch Kohle zu gewinnen ohne den schädliche CO_2- Ausstoß zu maximieren (Wiggering 1993:19).

8 Verfahren zur Steinkohleumwandlung

Um in Zukunft weiterhin fossile Brennstoffe nutzen zu können wird in hohem Maße geforscht, um die langsam zur Neige gehenden fossilen Brennstoffe wie Erdöl und Erdgas zu ersetzen. Dabei sieht man für die Kohle eine große Zukunft voraus, da sich ihre chemischen und physikalischen Eigenschaften streuen und sie somit wirtschaftlich optimal eingesetzt werden kann (Jüntgen 1982:4.9).

8.1 Die Kohlevergasung

Beim Prozess der Kohlevergasung bedarf es einer hohen Temperatur von mindestens 900 Grad Celsius. Diese erreicht man mit Hilfe von Sauerstoff und der Verbrennung von circa einem Drittel der Einsatzkohle im Vergasungsreaktor. Dabei bedient man sich weiterhin dem Wasserdampf, mit dessen Hilfe man die Kohle in die kleinsten, brennbaren Gasmoleküle Wasserstoff und Kohlenmonoxid umwandelt. Dieser Prozess wird als autthermes Verfahren bezeichnet.

Das primär entstehende Mischgas aus Kohlenmonoxid und Wasserstoff eignet sich schon als Brennstoff. Besser ist aber eine Anwendung als Synthesegas, sodass in weiteren Verfahrensschritten Methanol oder Benzin gewonnen werden kann.

Zur Vergasung von Kohle existieren heute über 40 Verfahren, wobei das Problem im kostengünstigen Einsatz solcher Verfahren im großindustriellen Maßstab liegt. Wenn kein Weg gefunden wird die Kohlevergasung kommerziell zu nutzen, sehen die zukünftigen Entwicklungen schlecht aus, da niemand in die weitere Forschung investieren wird (Jüntgen 1982:4).

8.2 Kohlehydrierung

Kohle, welche verflüssigt wurde, kann als Ersatz für Brennstoffe dienen. Hinzu kommt noch, dass sich nach der Raffinierung Kunststoffe und andere Ölprodukte herstellen lassen. Es gibt zwei Hauptverfahren zur Kohlehydrierung. Hier unterscheidet man zwischen direkter Verflüssigung und indirekter Hydrierung. Bei der direkten Verflüssigung, wird „ [...], Kohle unter hohem Wasserstoffdruck in flüssige Kohlenwasserstoffe umgewandelt"(Wiggering 1993:109). Differenziert dazu wird bei der indirekten Verflüssigung, auch Fischer- Tropsch- Verfahren genannt, zuerst ein, bei der Kohlevergasung erzeugtes Synthesegas hergestellt. Dieses wird anschließend, mit Hilfe von Katalysatoren, unter normalem Druck verflüssigt. Weiterhin wird dieses Verfahren in einem industriellen Maßstab betrieben. Ob dies wirtschaftlich effektiv genutzt werden kann und eine hohe Rentabilität besitzt, hängt größtenteils vom schwankenden und konkurrierenden Ölpreis ab (Wiggering 1993:109-111/Helfer 2008:40).

9 Möglichkeiten und Methoden zur Emissionsverminderung

Bei der Verbrennung von Kohle kommt es nicht nur zu Verbrennungsprodukten der Kohlenwasserstoffe, wie Kohlendioxid oder Wasserdampf, sondern es werden auch Oxide freigesetzt, welche durch Begleitstoffe hervorgerufen werden die an der Kohle haften. Meistens handelt es sich hier um Stickstoff- oder Schwefeloxide (Wiggering 1993:79)

Schon heute beschäftigt man sich mit Verfahren die in der Industrie kommerziell eingesetzt werden können, um den extremen Ausstoß von giftigen und klimaschädlichen Gasen zu verhindern. Dabei gibt es verschiedenste Verfahren, wie das Post- Combustion Verfahren, das Oxyfuel- Verfahren, das Pre Combustion Capture und das Carbon Capture and Storage. Bei all diesen Verfahren wird versucht, das CO_2 entweder vor oder nach der Verbrennung durch bestimmte Techniken herauszufiltern. Dabei kommt jedoch trotz der Filterung ein gewisser Anteil in die Erdatmosphäre. Ein weiteres Problem bei der industriellen Nutzung sind die Wirkungsgradverluste der Kraftwerke, die durch die Filterung auftreten und für einen großen Verlust an Strom sorgen. Das einzige der oben genannten Verfahren, bei dem kein CO_2 in die Atmosphäre gelangt, ist das `Carbon Capture and Storage` Verfahren. Diese fast CO_2 -freie Energieerzeugung mit den noch reichlich vorhandenen Mengen an Kohle stellt eine gute Option dar, um den Konflikt zwischen steigender Energienachfrage und wachsender Interesse am Klimaschutz, entgegenzutreten. Daher wird dieses Verfahren weltweit erforscht, mit einer Einführung rechnet man ab 2020. Problematisch ist bei diesem Verfahren die Kostenintensität, da es einen hohen technischen Aufwand bedeutet das CO_2 beim Verbrennungsprozess komplett abzufiltern (Helfer 2008:39/Nowack 1992:29).

CO_2 Minderung in Deutschland

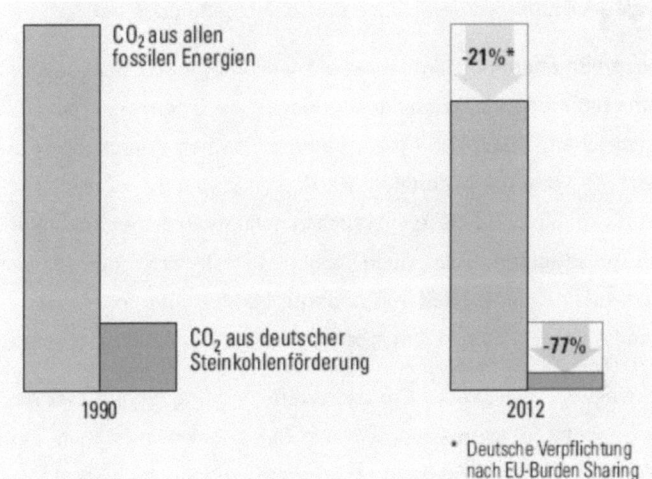

(Quelle: GVSt 2007:28)

10 Fazit

In der vorliegenden Arbeit wurde ersichtlich, dass die Entwicklung des Steinkohlenbergbaus in der Vergangenheit großen Schwankungen unterlag. Dabei gab es zur Zeit der Industriealisierung einen extremen Aufschwung im Steinkohlenbergbau, wohingegen es in der zweiten Hälfte des 20. Jahrhunderts zu einer Abnahme der Steinkohlenförderung in Deutschland kam. Dies lag auf der einen Seite an den günstigen, anderen fossilen Brennstoffen, welche die Steinkohle vom Markt drängten, zum anderen lag es an der günstigen Importkohle. Zudem trägt der enorme CO_2 Ausstoß, den die Kohlekraftwerke bei der Energiegewinnung verursachen, zum schlechten Image bei.

Wichtig ist, dass die noch vorhandenen Bergbaureviere weiterhin durch Subventionen unterstützt werden. Damit hat man eine, zumindest geringfügige Eigenversorgung des Landes mit Steinkohle gesichert. Somit kann man, beim langsamen Zurückgehen der anderen fossilen Brennstoffe vom internationalen Markt, immer wieder auf inländisch geförderte Steinkohle zurückgreifen und diese eventuell in naher oder ferner Zukunft mit weiteren Subventionen unterstützen oder auch ausbauen. Dadurch könnte sich Deutschland von der extremen Abhängigkeit von anderen Ländern, die fossile Brennstoffe fördern, in gewisser Weise abkoppeln, um in ferner Zukunft unabhängig zu sein.

Dabei sollte jedoch die weltweit angestrebte Emissionsverminderung nicht außer Acht gelassen werden. Dies bedeutet, dass investiert werden muss, um neue Clean- Coal Verfahren zu entwickeln bzw. bereits bestehende zu fördern, sodass sie wirtschaftlich genutzt werden könnten. Der entscheidende Punkt wird außerdem sein, dass diese Clean- Coal Verfahren, die Kohlevergasung oder die Kohleverflüssigung konkurrenzfähig gegenüber den anderen alternativen Technologien bleiben.

Literaturverzeichnis

Buch, A. (1979): Kohle – Grundstoff der Energie. München: Udo Priemer Verlag

Gesamtverband des deutschen Steinkohlenbergbaus (GvSt) (2005): Steinkohlenberg bau in Deutschland. http://www.gvst.de/site/bildungsmedien/bildungsmedien.htm ab-gerufen am 13. 03. 2009.

Gesamtverband des deutschen Steinkohlenbergbaus (GvSt) (2007): Steinkohle Jahres bericht 2007. http://www.gvst.de/site/steinkohle/archiv.htm abgerufen am 13. 03. 2009

Helfer, M. (2008): Perspektiven der Steinkohle im 21. Jahrhundert. In: Geographische Rundschau 60(1), 32 – 41

Huske, J. (2001): Der Steinkohlebergbau im Ruhrrevier von seinen Anfängen bis zum Jahr 2000. Werne: Regio- Verlag

Jüntgen, H. (1982): Kohlevergasung und -verflüssigung. Essen: Vulkan Verlag

Kaever, M. (2004): Nicht erneuerbare Energieträger zwischen Maas und Rur. Münster: LIT Verlag Münster

Nowack, R. (1992): CO_2- Emission aus Steinkohlekraftwerken. Aachen: Verlag Shaker

Pierenkemper, T. (2002): Die Industrialisierung europäischer Montanregionen im 19. Jahrhundert. Stuttgart: Franz Steiner Verlag

Strahler, H./Strahler, N. (2002): Physische Geographie. Stuttgart: Verlag Eugen Ulmer GmbH & Co.

Wiggering, H. (1993): Steinkohlenbergbau: Steinkohle als Grundstoff, Energieträger und Umweltfaktor. Berlin: Ernst & Sohn Verlag

Whitehurst, D./Mitchell, T./Farcasiu, M. (1980): Coal Liquefaction. New York: Academic Press